AF355897

RAPPORT

fait

A LA SOCIÉTÉ IMPÉRIALE D'AGRICULTURE, D'HISTOIRE NATURELLE
ET DES ARTS UTILES DE LYON,

SUR LE

CONCOURS AGRICOLE

Du 10 Mars 1856.

PAR M. EUG. TISSERANT,

Secrétaire du Concours,

Professeur à l'École vétérinaire de Lyon, Secrétaire général de la Société
impériale d'agriculture, d'histoire naturelle et des arts utiles,
Membre de l'Académie impériale des sciences, belles-lettres et arts de la même ville,
du Conseil de salubrité du Rhône, Membre correspondant de la Société
impériale et centrale d'agriculture, de la Société impériale et centrale vétérinaire,
de la Société vétérinaire de Belgique, etc.

LYON,

IMPRIMERIE DE BARRET,

Grande rue Longue, 27.

1856.

RAPPORT

fait

a la Société impériale d'agriculture, d'histoire naturelle et des arts utiles de Lyon,

SUR LE

CONCOURS AGRICOLE

du 10 mars 1856.

———————

MESSIEURS,

Je viens vous rendre compte du Concours agricole tenu à Lyon le 10 mars dernier.

Les résultats de cette sixième session ont dépassé ceux des années précédentes. Ils justifient ainsi votre confiance dans l'avenir d'une institution qui a été créé sous vos auspices.

Vous verrez par les tableaux statistiques que j'aurai bientôt l'honneur de vous soumettre, que les chiffres des exposants et des communes représentées au concours, et celui des objets soumis au jury, se sont élevés dans une proportion notable.

Les départements du Rhône, de l'Isère et de l'Ain ont encore, cette année, fourni plus de $\frac{96}{100}$ de ces objets. Cette circonstance s'explique sans doute par la proximité des lieux et la facilité des communications; vous n'en regretterez pas moins, que les autres départements de la circonscription, l'Ardèche, la Drôme, la Loire et Saône-et-Loire, ne prennent pas une part plus grande et plus active à une exposition dont ils pourraient facilement accroître l'importance et la richesse.

Grâce au puissant intérêt que M. le Sénateur chargé de l'administration de notre département porte à l'agriculture, grâce aux subventions de M. le Ministre de l'agriculture , du commerce et des travaux publics, du Conseil départemental, de la Commission municipale, de la Chambre de commerce , de la Société du Jockey-Club, grâce enfin à votre intervention, le concours de 1856 avait à sa disposition des ressources au moins aussi considérables que celles des deux années précédentes. Ces ressources sont malheureusement trop faibles pour une circonscription aussi étendue.

Permettez-moi de vous présenter, à cet égard, quelques considérations que m'ont suggérées des plaintes parvenues jusqu'au jury du concours.

Si je m'y arrête, c'est que ces plaintes ont été formulées par des personnes recommandables, dont la sincérité et le bon vouloir ne sont pas suspects, et parce que reproduites d'année en année, ces récriminations pourraient avoir sur les expositions futures une influence fâcheuse.

On dit que les primes offertes dans le concours de Lyon sont trop faibles, que, par cela même, elles constituent un encouragement tout à fait insignifiant et illusoire. On compare sous ce rapport le concours agricole et celui de boucherie, et l'on attribue la supériorité de ce dernier, à ce que les engraisseurs, sollicités par l'appât de fortes primes , viennent de loin y prendre part.

Je n'examinerai pas, Messieurs, jusqu'à quel point les départements qui, depuis cinq années, profitent des bénéfices de l'institution sans en avoir aucunement partagé les charges, sans avoir manifesté le désir de les partager à une condition quelconque, ont le droit de faire entendre ces observations.

D'une manière absolue, elles sont fondées; j'y reviendrai

dans un instant. J'exprimerai à mon tour, avec respect pour les décisions du jury, mais avec bonne foi et pleine liberté d'esprit, mon opinion sur le même sujet. Je veux auparavant combattre cette confusion que l'on persiste à établir entre les concours d'animaux de boucherie et ceux des animaux reproducteurs.

Je me suis déjà occupé de cette question dans mon rapport de 1854. Il faut bien y revenir puisque l'on insiste.

L'engraissement des bœufs pour les concours est une industrie qui présente un double caractère. L'engraisseur spécule sur le produit de la vente des animaux et sur les chances de l'exhibition.

Quel que soit le résultat du concours, le bœuf exposé ne doit plus rentrer dans l'étable ; son possesseur est obligé de le vendre. Et il ne le peut vendre avantageusement que dans une grande ville, où le consommateur apprécie les qualités de ces sortes de produits, et les paie.

Quel risque court l'engraisseur en présentant ses animaux au concours? Aucun. Ils sont préparés à ce dessein ; il ne peut plus les garder sans faire des dépenses inutiles , sans s'exposer peut-être à perdre les bénéfices de son opération. Ils les conduit dans un grand centre de population où il sait pouvoir trouver des acheteurs, et choisit naturellement l'époque du concours, parce qu'il court la chance d'un profit exceptionnel.

Je vais plus loin. Le bœuf gras est une espèce de produit artificiel, créé, préparé en vue de l'exhibition. Le concours doit donc attirer à lui tout ce qui est susceptible d'y paraître. Aussi, le bœuf gras n'est-il pas un produit usuel, ordinaire. Il ne fait pas l'objet d'une véritable industrie. On le voit , chaque année , à Poissy, à Lyon, à Lille, etc., et toujours à la même époque. Il se montre sur les marchés tous les ans une fois, vainement on le chercherait en d'autres temps.

Le propriétaire qui n'a pas obtenu de récompense, crie à

l'injustice, c'est la règle, et vend ensuite ses animaux le plus qu'il peut. Car, vendre à un bon prix, c'est le but final de son entreprise.

Telles ne sont pas les conditions dans lesquelles se font les concours d'animaux reproducteurs et de produits agricoles. Les risques à courir y sont bien plus nombreux et les avantages moins probables. Aussi, quelque appât qu'on lui offre, le cultivateur hésite toujours. Et s'il est éloigné du siége du concours , il s'abstient. La statistique des concours du Gouvernement et celle de ceux de Lyon en fournissent la preuve incontestable.

Est-ce à dire qu'il soit bien judicieux de diviser les primes à l'excès, comme l'ont fait quelques sous-commissions du concours de 1856, sous le prétexte que les exposants ne viennent pas de bien loin et qu'il faut encourager tout le monde ? Je ne le pense pas. Donner trop de récompenses, c'est leur ôter leur mérite ; c'est ouvrir le champ à des produits d'une médiocrité évidente. Quand tout le monde peut prétendre aux primes, il n'y a plus de limites à ces prétentions.

Que par une sévérité excessive on ne repousse pas les objets qui représentent une amélioration relative, je le conçois. On peut faire dans les concours comme dans les expositions universelles , où l'on récompense tout ce qui a un mérite vrai ; mais il ne faut pas descendre jusqu'à l'insignifiant.

Le rôle d'un concours régional ne doit pas être celui d'un comice. Celui-ci s'adresse à tous, encourage tous les efforts , même les plus faibles, pourvu qu'ils soient faits avec intelligence et avec suite. Il va au devant du progrès, il l'appelle, il le sollicite.

La mission du concours régional est un peu différente; elle consiste à signaler le progrès, à le constater, à le consacrer et à le récompenser.

Voilà pourquoi il doit apporter plus de sévérité dans ses choix, mais aussi, qu'on me passe le mot, plus de générosité dans ses encouragements.

Le comice peut encourager de bonnes idées, même des aspirations ; l'autre ne doit récompenser que des faits, que des résultats sérieux.

Les jurys des concours ont donc deux écueils à éviter : la division inutile des primes, leur amoindrissement, et une trop grande sévérité sur le choix des objets.

Ces conditions peuvent-elles être suivies dans le concours de Lyon, avec son organisation actuelle ? Je ne le pense pas. Les ressources dont il dispose sont insuffisantes pour une circonscription aussi vaste. Les primes qu'il peut offrir aux habitants des départements les plus éloignés sont trop faibles pour les attirer et les décider à courir les chances d'une lutte incertaine.

Les statistiques prouvent que la circonscription pourrait être réduite aux trois départements du Rhône, de l'Ain et de l'Isère, sans que l'exhibition perdît de son importance. Et le raisonnement est ici d'accord avec les faits. Cette opinion n'est pas du goût de tout le monde, je le sais ; si je continue à la reproduire c'est que je la crois fondée sur l'expérience et sur une saine interprétation du but des concours agricoles.

Ce qui précède devrait me conduire tout naturellement à examiner si le programme du concours peut embrasser utilement tous les objets agricoles, toutes les parties de la production, et si le jury, pour asseoir son jugement, peut se contenter de l'examen pur et simple des produits ou des objets, sans se préoccuper des conditions dans lesquelles les uns ont été obtenus, et des avantages que présentent les autres.

L'étude de ces deux questions pourrait m'entraîner trop loin. L'occasion de les discuter se présentera plus tard et je la saisirai.

Le programme de 1856 différait peu de celui de 1855.

Les objets appelés au concours se divisaient également en quatre sections :

1° Animaux reproducteurs ;

2° Produits agricoles ;

3° Produits, instruments ou autres objets de sériciculture ;

4° Machines et instruments agricoles.

La valeur totale des primes à distribuer était de 9,000 fr.

Aux termes du programme, le jury devait être composé de :

1° Deux membres du Conseil général du Rhône, deux membres de la Commission municipale de Lyon, deux professeurs de l'École vétérinaire, un propriétaire ou fermier et un fabricant de machines ou d'instruments d'agriculture, nommés par le préfet du Rhône ;

2° Le président de la Société d'agriculture et deux autres de ses membres désignés par elle ;

3° Le président de la Commission des soies de la Société d'agriculture ;

4° Le président et un membre de la Société du Jockey-Club ;

5° Deux membres de la Chambre de commerce de Lyon ;

6° Les présidents des comices agricoles de Lyon, Vaugneray, Givors, Villefranche, Beaujeu, Heyrieux, Vienne, Trévoux et St-Symphorien-d'Ozon ;

7° Le directeur ou l'un des professeurs de l'École d'agriculture de la Saulsaie ;

8° Un propriétaire, agriculteur ou fermier de chacun des départements de l'Ain, de la Drôme, de l'Isère, de la Loire, de l'Ardèche, du Rhône et de Saône-et-Loire, nommés par les préfets de ces départements.

Dans la réunion préparatoire du 25 février, le bureau avait été composé de la manière suivante :

Président, M. Quinson, président de la Société d'agriculture.

Vice-président, M. Meysson, président du comice de Vienne.

Secrétaire, M. Tisserant, secrétaire de la Société d'agriculture.

Les membres du jury furent répartis entre sept sous-commissions, ainsi qu'il suit :

1° Pour les chevaux : MM. Ivan Monnier, président ; Aynard, Brolemann, de la Bretonnière, de la Ferrière et Rodet ;

2° Pour les génisses et les vaches laitières : MM. de Rivoire, Labbe et Dode de la Brunerie ;

3° Pour les taureaux et les autres espèces domestiques non comprises dans les deux précédentes : MM. Jourdan, Faye, Larochette et Loustauneau ;

4° Pour les céréales, les plantes oléagineuses, textiles, tinctoriales : MM. Seringe, Sanlaville-Janson, Vachon, Vivien et Willermoz ;

5° Pour les tubercules, racines et autres plantes fourragères : MM. Duport St-Clair, Royé-Vial, Hamon et Pitiot ;

6° Pour les instruments et autres objets de sériciculture : MM. Sauzey, Mathevon, Michel, Faure-Péclet et Reveil ;

7° Pour les machines et instruments agricoles : MM. Reverchon, Chavanis, Desgrands, Pouriau, Rottner et Guimet.

Le jury s'est adjoint pour l'aider dans ses travaux : MM. Jordan de Chassagny, vice-président du comice agricole de Givors ; Buer, vétérinaire à Villeurbanne, et Robellet, vétérinaire à Brignais.

Le jury du concours de 1855 avait émis le vœu que des primes fussent désormais offertes pour les oiseaux domestiques. Une somme de 200 fr. fut ajoutée au programme pour cet objet. Nous devons nous féliciter que l'administration ait bien voulu déférer à cette demande ; vingt-un lots comprenant 234 individus qui appartenaient en général à des espèces fort remarquables ont été exposés.

Le jury a émis cette année d'autres vœux qui seront entendus, vous avez tout lieu de l'espérer. Ils ont trait à l'exposition de sériciculture.

Jusqu'alors on a admis à l'exposition les cocons et les œufs de vers à soie, séparés des objets sur lesquels ils avaient été déposés ; cette disposition donnait ouverture à des fraudes qu'il était souvent impossible au jury de découvrir et de constater. On préviendrait les erreurs en décidant qu'à l'avenir, il ne sera plus reçu au concours que des cocons en bruyère, et des œufs ou graines attachés aux pièces d'étoffe sur lesquelles ils auront été déposés par les animaux.

Le jury a émis également le vœu que l'administration avise aux moyens de faire inscrire d'avance les objets destinés au concours, afin que les opérations de classement et de visite s'effectuent avec plus de rapidité et de commodité.

J'exprimais, dans mon rapport de l'an dernier, le regret que le concours ait lieu à une époque si peu favorable. J'ajoutais que cet inconvénient que nous subissons pour des motifs de dépense se trouvait encore aggravé par la décision de l'administration supérieure qui avait devancé de huit jours le concours des animaux de boucherie.

Vous avez entièrement partagé mes opinions sur cette dernière mesure. Vous êtes même allés plus loin ; vous avez voulu qu'une demande fût adressée au ministère pour le prier de reporter ce concours au jour où il avait eu lieu jusqu'en 1855.

Cette demande n'a pu être accueillie. C'est que le concours de Poissy, qui se tient quelques jours avant Pâques, est regardé comme une sorte d'exhibition nationale pouvant servir de contrôle aux jugements portés par les jurys de la province.

Nous nous inclinons devant cette nouvelle décision qui prive notre ville d'une partie des avantages qu'elle pouvait raisonnablement espérer en compensation des sacrifices qu'elle fait. Nous ne vous soumettrons plus sur ce sujet que les remarques suivantes :

1° Si, au lieu d'avancer l'époque des concours de boucherie tenus dans la province on eut retardé de huit jours seulement l'exhibition de Poissy, n'eut-on pas atteint le but que l'on se propose ?

2° Toutes les races exposées à Lyon, sont représentées dans le concours de Poissy, et certainement par des sujets aussi beaux ; si un contrôle est nécessaire, il pourrait être établi par les rendements.

3° Enfin, n'a-t-on pas à craindre que l'on ne fabrique bientôt des bœufs de concours comme on fait des chevaux d'hippodrome ? que le concours de Poissy ne devienne la chose de quelques engraisseurs, comme les hippodromes principaux le sont d'un petit nombre de sportsmen, et que l'institution ne dévie insensiblement de son but ?

Le concours s'est tenu comme les années précédentes dans l'enceinte de l'hippodrome de Perrache. Favorisé par un beau temps, il avait attiré une foule immense dans laquelle on voyait avec plaisir un grand nombre d'habitants de nos campagnes.

Cette affluence de visiteurs et de curieux s'accroîtra encore à mesure que les voies de fer se multiplieront autour de Lyon.

M. le Sénateur a voulu juger par lui-même du mérite des objets présentés. Il a visité toutes les parties de l'exposition, s'arrêtant surtout à celles qui intéressaient plus directement le département du Rhône, et donnant partout des témoignages de son intelligente et vive sollicitude pour la prospérité agricole de notre contrée.

La distribution des primes a eu lieu à trois heures et demie devant un auditoire nombreux. Des administrateurs de notre cité, des généraux, des membres de nos sociétés savantes, etc., attirés par le désir de constater eux-mêmes les progrès de l'institution, contribuaient, par leur présence, à donner à cette fête un éclat inaccoutumé.

M. le Sénateur avait bien voulu présider à cette distribution.

Il a ouvert la séance par une allocution qui a été vivement et chaleureusement applaudie, et que nous regrettons de ne pouvoir reproduire.

Immédiatement après a eu lieu la distribution des récompenses décernées à l'occasion du concours d'animaux de boucherie, dans l'ordre suivant :

Bœufs.

1ᵣᵉ CLASSE. — Animaux de l'age de quatre ans au plus, quels que soient leur poids et leur race.

1ᵉʳ prix.—Une médaille d'or et 700 fr. à M. Crétin, de Mably (Loire), pour le bœuf n° 4, de race charolaise, âgé de trois ans huit mois.

2ᵉ prix. — Une médaille d'argent et 600 fr. à M. Chambon, régisseur de M. Bolan, à Chalain-le-Comtal (Loire), pour le bœuf n° 41, de race bourbonnaise, âgé de quarante-un mois.

3ᵉ prix. — Une médaille de bronze et 500 fr. à M. Crétin, déjà nommé, pour le bœuf n° 61, de race Durham croisée-auvergnate, âgé de quarante-quatre mois.

Prix de la ville de Lyon. — 500 fr. à M. Crétin, déjà nommé, pour le bœuf n° 64, de race Durham-charolais, âgé de trois ans dix mois.

2ᵉ CLASSE. — Races sans distinction d'age.

1ʳᵉ catégorie. — *Races charolaise, nivernaise et leurs analogues, à l'exclusion de tout croisement.*

1ᵉʳ prix. — Une médaille d'or et 600 fr. à M. Serre, de Montbrison (Loire), pour le bœuf n° 17, de race nivernaise, âgé de six ans.

2ᵉ prix. — Une médaille d'argent et 500 fr. à M. Buchet (J.-N.), à St-Martin-du-Lac (Saône-et-Loire), pour le bœuf n° 11, de race charolaise, âgé de cinq ans.

3ᵉ prix. — Une médaille de bronze et 400 fr. à M. Desjardins (Jules), d'Irenan, canton de Moulins-en-Gilbert (Nièvre), pour le bœuf n° 2, de race charolaise, âgé de trois ans.

Prix de la ville de Lyon. — A M. Alix Pierre, à la Clayette (Saône-et-Loire), pour le bœuf n°15, de race charolaise, âgé de cinq ans deux mois.

2ᵉ CATÉGORIE.— *Races bressane et franc-comtoise, à l'exclusion de tout croisement.*

1ᵉʳ prix. — Une médaille d'or et 500 fr. à M. Thevenon, engraisseur à Praslong (arrondissement de Montbrison), pour le bœuf n°25, de race comtoise, âgé de six ans.

2ᵉ prix.— Une médaille d'argent et 400 fr. à M. Bonnot (Joseph), de Chavanne sur Reyssouze (Ain), pour le bœuf n° 39, de race bressane, âgé de huit ans.

3ᵉ CATÉGORIE.— *Races auvergnate, bourbonnaise et leurs analogues, à l'exclusion de tout croisement.*

1ᵉʳ prix.— Une médaille d'or et 600 fr. à M. Serre, à Montbrison (Loire). pour le bœuf n° 53, de race bourbonnaise, âgé de sept ans.

2ᵉ prix.— Une médaille d'argent et 500 fr. à M. Thevenon, déjà nommé, pour le bœuf n° 43, de race limousine, âgé de cinq ans.

3ᵉ prix.— Une médaille de bronze et 400 fr. à M. Desjardins, déjà nommé, pour le bœuf n° 50, de race bourbonnaise, âgé de six ans.

4ᵉ CATÉGORIE.— *Races diverses non désignées précédemment.*

1ᵉʳ prix.— Une médaille d'or et 600 fr. à M. Serre, déjà nommé, pour le bœuf n° 75, de race charolaise-bourbonnaise, âgé de six ans.

2ᵉ prix.— Une médaille d'argent et 500 fr. à M. Serre, déjà nommé, pour le bœuf n° 67, de race Durham-Cotentin, âgé de quatre ans six mois.

3ᵉ CLASSE. — Bande de quatre boeufs au moins.

Prix unique. — Une médaille d'or et 500 fr. à M. Montmesin, de St-Laurent, canton de la Clayette (Saône-et-Loire), pour la bande de quatre bœufs n° 82, de race charolaise, âgés de quatre à sept ans.

Espèce Ovine.

1ʳᵉ CLASSE. — Animaux âgés de vingt-quatre mois au plus.

1ᵉʳ prix. — Une médaille d'or et 400 fr. à M. Despierres, fermier à Sary (Saône-et-Loire), pour le lot de moutons n° 86, de race bourbonnaise, âgés de vingt-trois mois.

2e prix.— Une médaille d'argent et 300 fr. à M. Chamaraud, fermier à Igrande (Saône-et-Loire), pour le lot de moutons n° 93, de race bourbonnaise, âgés de deux ans.

3e prix.— Une médaille de bronze et 200 fr. à M. Peyre père, à St-Cômes, canton de St-Mamert (Gard), pour le lot de moutons n° 95, de race albigeoise, âgés de deux ans.

2e CLASSE. — ANIMAUX DE PLUS DE VINGT-QUATRE MOIS.

1er prix. — Une médaille d'or et 200 fr. à M. Despierres, déjà nommé, pour le lot de moutons n° 97, de race bourbonnaise, âgés de vingt-cinq mois.

2e prix. — Une médaille d'argent et 100 fr. à M. François Peyre, déjà nommé, pour le lot de moutons n° 102, de race de Larzac, âgés de quatre ans.

Espèce Porcine.

1re CLASSE. — RACES FRANÇAISES PURES.

1er prix. — Une médaille d'or et 100 fr. à M. Buchet, à St-Martin-du-Lac (Saône-et-Loire), pour le porc n° 106 (*bis*), de race charolaise, âgé de dix-huit mois.

2e prix.— Une médaille d'argent et 75 fr. à M. Brenoux, charcutier à Mâcon (Saône-et-Loire), pour le porc n° 105, de race bressane, âgé de quinze mois.

2e CLASSE.— RACES ÉTRANGÈRES PURES ET RACES CROISÉES.

1er prix.— Une médaille d'or et 100 fr. à M. Martel, à St-Symphorien-sur-Coise (Rhône), pour le porc n° 119, de race hampshire, âgé de dix-huit mois.

2e prix.— Une médaille d'argent et 70 fr. à M. Pailleron, cultivateur à Eveux (Rhône), pour le porc n° 111, de race Siam, âgé de treize mois.

3e prix. — Une médaille de bronze et 50 fr. à M. Chevelier, à Rive-de-Gier (Loire), pour le porc n° 107, de race Siam, âgé de treize mois.

Cette première distribution de primes a fourni à M. le Sénateur l'occasion de donner une preuve de sa haute intelligence des intérêts agricoles.

Tous les curieux avaient remarqué, parmi les bœufs gras exposés, une bande de huit animaux appartenant au même propriétaire, amenés des montagnes du Mézenc, et tirés de la belle et forte race d'Aubrac. Ces bœufs, qui avaient dû parcourir à pied, pour venir à Lyon, une distance de 150 kilomètres dans des chemins quelquefois très-mauvais et encore couverts de neige, étaient remarquables par leur haute taille, leur conformation régulière, leur aspect énergique et leur état de graisse assez avancé.

C'était la première fois, depuis la création des concours de boucherie, que Lyon voyait une aussi belle collection de la race d'Aubrac. L'Auvergne n'avait jamais été réellement représentée dans nos exhibitions que par quelques sujets assez rares et toujours isolés.

Cette exposition remarquable était bien de nature à mettre en relief les qualités d'une race ancienne et toute française ; le jury ne put lui accorder de prime. La préférence dût être donnée à une bande de bœufs charolais mieux engraissés.

M. le Sénateur voulut encourager la tentative de l'engraisseur du Mézenc, et lui accorda, séance tenante, sur les fonds départementaux, une prime de 300 fr.

CONCOURS AGRICOLE.

La distribution des récompenses décernées dans le concours agricole a été inaugurée par un discours de M. Quinson, votre honorable président, discours où le résultat de l'exposition se trouve apprécié avec justesse, où des questions relatives au progrès de l'agriculture qui empruntent encore de l'importance aux circonstances actuelles, sont exposées et discutées avec talent.

Nous donnons cette année comme en 1854 et en 1855, en même temps que la liste des récompenses décernées dans le concours agricole, la statistique des diverses parties de cette exhibition.

Statistique du Concours agricole.

Objets ou lots d'objets présentés : 696.
Nombre des exposants : 354.

Tableau statistique des objets, des exposants et des communes par département.

Départements.	Objets ou lots d'objets.	Nombre des exposants.	Nombre des communes.
Ain. . . .	31	16	11
Ardèche . .	1	1	1
Drôme . . .	5	1	1
Isère . . .	96	52	27
Loire . . .	7	5	2
Rhône . . ·	553	277	78
Saône-et-Loire.	3	2	2
Totaux. .	696	354	122

Mes rapports sur les concours des années 1854 et 1855 donnent les résultats suivants :

1854. . . .	601	300	103
1855 . . .	513	287	84

Récompenses décernées : 199.

Elles se composent de : Primes en argent. . 164

          Médailles de vermeil. 8

          —   d'argent . 18

          —   de bronze . 14

          Rappels de médailles. 3

Valeur totale des primes en argent : 6,313 fr. 02 cent.

Valeur moyenne : 38 fr. 50 cent.

Tableau des récompenses par département.

Départements.	Nombre des récompenses.	Primes en argent (valeur).	Médailles.	Rappel de médailles.
Ain. . . .	11	720	5	»
Ardèche . .	1	15	»	»
Drôme . . .	»	»	»	»
Isère. . . .	29	1,480	5	1
Loire . . .	3	75	2	»
Rhône . . .	153	3,973	27	2
Saône-et-Loire.	2	50	1	»
Totaux . .	199	6,313	40	3

Statistique du concours par section.

1re Section.

ANIMAUX REPRODUCTEURS.

Animaux ou lots d'animaux présentés : 318.

Les animaux se classaient ainsi :

Poulains . . .	36	Béliers et brebis.	.	63
Pouliches . . .	33	Boucs et chèvres.	.	24
Chevaux entiers	. 5	Porcs.	.	22
Juments suitées	. 9	Lapins	.	81
Taureaux . . .	17	Oiseaux domestiques		
Génisses . . .	50	21 lots faisant .	.	287
Vaches laitières	26	Sangsues. . . .	.	»
Vaches d'attelages.	10			2

Espèce Chevaline.

Chevaux exposés : 83.

Statistique par département.

Ain	21
Isère.	20
Loire	2
Rhône	40
Total. . . .	83

Statistique par race.

Races arabe	2
anglo-arabe. . . .	1
anglaise.	2
anglo-normande . .	8
anglo-limousine . .	2
demi-sang. . . .	40
percheronne . . .	11
commune ou sans désignation. . . .	15

Récompenses décernées : 18.

Primes en argent : 13.

Valeur totale des primes en argent : 1,600 fr.

Valeur moyenne : 123 fr. 08 cent.

Tableau des récompenses par département.

Départements.	Récompenses.	Primes en argent (valeur).	Médailles.
Ain.	7	650	2
Isère. . . .	6	530	2
Rhône . . .	5	420	1
Totaux . . .	18	1,600	5

Récompenses décernées pour l'espèce Chevaline.

Poulains entiers de deux à quatre ans : cinq primes.

1re, à M. Perregaux, propriétaire à Bourgoin (Isère), pour
un poulain de demi-sang, âgé de trois ans, une prime de   180 fr.

2e, à M. Paul Grand, aux Charpennes (Rhône), pour un
poulain de demi-sang, âgé de deux ans, une prime de .   90

3e, à M. Deboille, à Genas (Isère), pour un poulain de
race bretonne, âgé de deux ans, une prime de . . .   80

4e, à M. Ballufin, à Genas (Isère), pour un poulain de race
bretonne, âgé de deux ans, une médaille d'argent.

5e, à M. Biétrix, à St-Laurent (Isère), pour un poulain de
race percheronne, âgé de trois ans, une médaille d'argent.

Pouliches de deux à quatre ans : cinq primes.

1re, à M. Fournier, à Meximieux (Ain), pour une pouliche
âgée de trois ans, une prime de   160

2e, à M. Paul Grand, aux Charpennes (Rhône), pour une
pouliche de demi-sang, âgée de trois ans, une prime de.   120

3e, à M. Sider (Adolphe), à Villeurbanne (Rhône), pour
une pouliche âgée de trois ans, une prime de. . . .   90

4e, à M. Couturier, propriétaire à Royas (Isère), pour une
pouliche âgée de trois ans, une prime de   70

5e, à M. Garnier (Nicolas), propriétaire à Villeurbanne
(Rhône), pour une pouliche de race bretonne, âgée de
deux ans, une médaille d'argent.

Chevaux entiers de quatre à six ans : quatre primes.

1re, à M. Eugène Chambeau, propriétaire à Vérone (Ain),
pour un cheval entier anglo-normand, âgé de quatre
ans, une prime de   120

2e, à M. Fournier (Frédéric), propriétaire à Meximieux
(Ain), pour un cheval entier de demi-sang, âgé de quatre
ans, une prime de   120

3e, à M. Micolet (Louis), propriétaire à Rancé (Ain), pour
un cheval entier âgé de quatre ans, une médaille d'argent.

4°, à M. Martin (Jacques), propriétaire à St-Paul-de-
Varrax (Ain), pour un cheval entier anglo-normand, âgé
de quatre ans, une médaille d'argent.

Juments suitées : quatre primes.

1re, à M. Gallavardin, propriétaire à St-Priest (Isère), pour
une jument de demi-sang, âgée de six ans, une prime
de. . . . . 200 fr.
2e, à M. Fournier (Frédéric), propriétaire à Meximieux
(Ain), pour une jument de demi-sang suitée, une prime
de. 150
3e, à M. Gellut (Jacques), propriétaire à Vaux-en-Vélin
(Rhône), pour une jument suitée de race bretonne, âgée
de sept ans, une prime de 120
4e, à M. Fournier (Frédéric), propriétaire à Meximieux
(Ain), pour une jument suitée, de demi-sang, une
prime de. 100

2e Catégorie.

ESPÈCE BOVINE.

Animaux présentés : 103.

Taureaux de 1 à 2 ans. . .	17
Génisses	50
Vaches laitières	26
Vaches d'attelage	10

Statistique par département.

Départements.	Nombre des animaux.
Ain.	5
Ardèche	»
Drôme.	»
Isère	4
Loire	»
Rhône.	92
Saône-et-Loire . .	2

Ces animaux appartenaient, comme dans les années précédentes, aux races de la Bresse, du Charolais, de la Comté, de la Suisse et aux races locales indéterminées.

On a beaucoup remarqué un taureau de la race écossaise d'Ayrshire, présenté par un propriétaire de Montluel et auquel le jury a décerné une prime hors ligne.

Le public intelligent a beaucoup admiré également les animaux de même race présentés hors concours par l'École impériale de la Saulsaie, et trois superbes animaux de la race pure de Durham.

Récompenses accordées : 29.

Primes en argent : 19.

Valeur de ces primes : 880 fr.

Valeur moyenne : 46 fr. 31 cent.

Tableau des récompenses par département.

Départements.	Récompenses (nombre).	Primes en argent (valeur).	Médailles.
Ain	2	70	1
Isère	3	160	»
Rhône. . . .	23	650	8
Saône-et-Loire .	1	»	1
	29	880	10

Récompenses décernées pour l'espèce Bovine.

Taureaux : huit primes.

1er, à M. Pouzzol, à Montluel (Ain), pour un taureau de race écossaise d'Ayrshire, âgé de trente mois, une médaille en vermeil.

2e, à M. Bouvier (Philippe), à Meximieux (Isère), pour un taureau de race schwitz métis, âgé de deux ans, une prime de. . . . . 60 fr.

3, à M. Buisson (Jean-Claude), à Vénissieu (Rhône),

pour un taureau de race schwitz, âgé de deux ans, une
prime de. . . . . 60 fr.

4ᵉ, à M. Colas (Philippe), fermier à Ruelles (Rhône), pour
un taureau charolais-bressan, âgé de deux ans, une
prime de. 50

5ᵉ, à M. Sigaud (Jean-Marie), fermier à St-Priest (Isère),
pour un taureau de race auvergnate, âgé de dix-huit
mois, une prime de 50

6ᵉ, à M. Grange (Joseph), à Vourles (Rhône), pour un
taureau charolais-bressan, âgé de deux ans, une prime
de 35

7ᵉ, à M. Charvolin (François), à Chaponost (Rhône), pour
un taureau schwitz-charolais, âgé de vingt mois, une
prime de. 35

8ᵉ, à M. Besson (Benoît), à Vaugneray (Rhône), pour un
taureau charolais-comtois, âgé de dix-huit mois, une
prime de. 35

Vaches laitières : huit primes.

1ʳᵉ, à M. Paturel (Claude), à Limonest (Rhône), pour une
vache de race comtoise, âgée de sept ans, une prime de. 80

2ᵉ, à M. Ponsard (Antoine), de Sathonay (Ain), pour une
vache suisse, âgée de cinq ans, une prime de. . . . 70

3ᵉ, à M. Buisson (Jean-Claude), à Vénissieu (Rhône),
pour deux vaches de race schwitz, de trois et neuf ans,
une prime de 50

4ᵉ, à M. Gomet (Bernard), à Vénissieu (Rhône), pour une
vache de pays, âgée de trois ans, une prime de . . . 45

5ᵉ, à M. Jourdan (Louis), à Vénissieu (Rhône), pour
une vache de pays, âgée de quatre ans, une prime de . 45

6ᵉ, à M. Charpine (Louis), à St-Genis-Laval (Rhône), pour
une vache de race schwitz, âgée de sept ans, une prime
de. 25

7ᵉ, à M. Blaise (André), aux Brotteaux (Rhône), pour une
vache fribourgeoise, âgée de huit ans, une médaille d'argent.

8ᵉ, à M. Bernard (Eugène), à Mirande-Montbley (Saône-et-
Loire), pour une vache croisée schwitz, âgée de six ans,
une médaille en vermeil.

Génisses : neuf primes.

1re. à M. Bergeon (Noël), à Villeurbanne (Rhône). pour une génisse de race schwitz, âgée de deux ans, une prime de . . . . 80 fr.

2e. à M. Violet (Jean), à Monplaisir (Rhône), pour une génisse de race fribourgeoise, âgée de deux ans, une prime de. 60

3e. à M. Berger (Jacques), à Fézin (Isère). pour une génisse de race du pays, âgée de dix-huit mois, une prime de. 50

4e. à M. Jaricot (Ernest), à Vourles (Rhône), pour deux génisses jumelles, de race du pays, âgées de vingt mois, une prime de 40

5e. à M. Chapuy (Joseph), à Villeurbanne (Rhône), pour une génisse de race schwitz, âgée de treize mois, une prime de. 30

6e. à M. Commandeur (François), à Bron (Rhône), pour deux génisses de race du pays, âgées de quatre ans, une prime de 25

7e. à M. Assada (François), à Soucieu (Rhône), pour deux génisses de race du pays, toutes deux âgées de deux ans, une médaille d'argent.

8e. à M. Giraud, à Savigny (Rhône), pour une génisse de race du pays, âgée de quinze mois, une médaille d'argent.

9e. à M. Dubief (Jean), à Vaugneray (Rhône), pour une génisse de race du pays, âgée de deux ans, une médaille d'argent.

Attelages de deux vaches : quatre primes.

1re, à M. Olivet (Antoine), à Chaponost (Rhône), pour un attelage de deux vaches, de race du pays, âgées de cinq ans, une médaille de bronze.

2e, à M. Drivet (François), à Chaponost (Rhône), pour un attelage de deux vaches, de race du pays, âgées de sept ans, une médaille de bronze.

3e, à M. Chambry (Antoine), à Chaponost (Rhône), pour un attelage de deux vaches, de race du pays, âgées de cinq ans, une médaille de bronze.

4ᵉ, à M. Combet (Michel), à Chaponost (Rhône), pour un attelage de deux vaches, de race du pays, âgées de six ans, une médaille de bronze.

3ᵉ, 4ᵉ et 5ᵉ Catégories.

ESPÈCES OVINE, CAPRINE ET PORCINE.

Animaux ou lots d'animaux présentés : 132.

Ces animaux se divisaient ainsi : Espèces ovine . . 63

           — caprine . 24

           — porcine . 22

Statistique par département.

Isère, animaux ou lots d'animaux. . . 35

Rhône, id. id. . . . 97

Récompenses décernées : 28.

Primes en argent : 27.

Valeur totale de ces primes : 480 fr.

Valeur moyenne : 17 fr. 77 cent.

Statistique des récompenses par département.

Départements.	Récompenses (nombre).	Primes en argent (valeur).	Médailles.
Isère. . . .	4	75	»
Rhône. . . .	24	405	1
	28	480	1

Récompenses décernées pour l'espèce Ovine.

Béliers :

1ʳᵉ, à M. Sublet (Jean), à St-Symphorien (Rhône), pour cinq béliers de quatorze mois et dix agneaux mérinos, une prime de . . . . 25 fr.

2ᵉ, à M. Drivon (Pierre), à St-Didier-au-Mont-d'Or (Rhône),

pour deux béliers de race Millery, âgés de dix-huit mois,
une prime de . . . . 25 fr,
3ᵉ, à M. Soleil (Jacques), à Rochetaillée (Rhône), pour un
bélier de race Millery, âgé de dix-huit mois, une prime de 15
4ᵉ, à M. Lyonnet (Benoît), à Ste-Foy-lès-Lyon (Rhône), pour
un bélier de race Millery, âgé de deux ans, une prime de 15
5ᵉ, à M. Damet (Prosper), cultivateur à Écully (Rhône),
pour un bélier de race Millery, âgé de deux ans, une
prime de 15
6ᵉ, à M. Orcel (François), à St-Didier (Rhône), pour un
bélier de race Millery, âgé de deux ans, une prime de 15
7ᵉ, à M. Menzard (J.-Pierre), à Civrieux-d'Azergues (Rhône),
pour un bélier de race Millery, âgé de deux ans et
demi, une prime de 15

Brebis :

1ʳᵉ, à M. Durdilly (Mathieu), à St-Didier-au-Mont-d'Or
(Rhône), pour brebis de race Millery, dont une suitée de
quatre agneaux, une prime de 20
2ᵉ, à M. Rantonnet (Pierre), à Brignais (Rhône), pour brebis
de race Millery, dont une suitée de quatre agneaux, une
prime de 20
3ᵉ, à M. Gouttenoire, aubergiste à Limonest (Rhône), pour
une brebis et deux agneaux de race Millery croisés, une
prime de 15
4ᵉ, à M. Manteau (Louis), à Ste-Foy-lès-Lyon (Rhône), pour
une brebis et deux agneaux métis, une prime de . . . 15

Agneaux :

1ʳᵉ, à M. Gayet, fermier à St-Priest (Isère), pour un lot de
seize agneaux mérinos, une prime de 20
2ᵉ, à M. Bouvier (Philippe), à Meyzieux (Isère), pour un lot
de dix agneaux mérinos, une prime de 15
3ᵉ, à M. Turge, à St-Just-de-Lyon (Rhône), pour un mou-
ton de très-grande taille, race anglo-piémontaise, une
médaille de bronze.

Récompenses décernées pour l'espèce Porcine.

Verrats :

1re, à M. Pagnoud (Jean), à Toussieux (Isère), pour un verrat anglo-chinois, âgé de trente mois, une prime de. . . 20 fr.

2e, à M. Mathelin (Barthélemy), à St-Symphorien (Rhône), pour un verrat anglo-chinois, âgé de treize mois, une prime de 20

3e, à M. Dorel, du Péage-de-Roussillon (Isère), pour un verrat Siam, métis Hampshire, une prime de 15

Truies suitées :

1re, à M. Geay (Pascal), à St-Symphorien (Rhône), pour une truie, race anglo-chinoise, blanche, suitée de cinq petits, une prime de 15

2e, à M. Morel (Pierre), à Charly (Rhône), pour une truie suitée de huit petits, de race du Berkshire, métis, une prime de 25

Récompenses décernées pour l'espèce Caprine.

Boucs :

1re, à M. Robin (Claude), à St-Denis-de-Bron (Rhône), pour un bouc de vingt-deux mois, une prime de . . . 15

2e, à M. Charvolin (François), à Chaponost (Rhône), pour un bouc de deux ans, une prime de 15

Chèvres :

1re, à M. Gonnet (Joseph), à Oullins (Rhône), pour deux chèvres, une prime de 20

2e, à M. Bonhomme (Jean-Marie), à Iseron (Rhône), pour trois chèvres de deux à trois ans, une prime de . . . 20

3e, à M. Fontrobert, à St-Didier-au-Mont-d'Or (Rhône), pour deux chèvres, une prime de. 15

4e, à M. Tarasse (Bonaventure), à Oullins (Rhône), pour deux chèvres, une prime de 15

5e, à M. Gantillon (J.-Antoine), à St-Didier-au-Mont-d'Or

(Rhône), pour deux chèvres et deux chevreaux, une
prime de . . . . 15 fr.

6°, à M. Durozat (Jérôme), à Chaponost (Rhône), pour une
seule chèvre. une prime de 15

7°, à Mme veuve Bonnefoy, cours Lafayette, à Lyon (Rhône),
pour une seule chèvre, une prime de 15

Récompense décernée pour l'espèce du Lapin.

A M. Pont (Alphonse), directeur du Refuge St-Joseph, à
Oullins (Rhône), pour un lot de quatre-vingt-un lapins ,
une prime de 15

6° Catégorie.

OISEAUX DOMESTIQUES.

Lots d'oiseaux présentés :

Rhône.	. . .	18	comprenant	234 animaux.
Isère	. . .	3	—	53
Totaux	. .	21		287

Récompenses décernées : 16.

Primes en argent : 16.

Valeur de ces primes : 180 fr.

Valeur moyenne : 11 fr. 25 cent.

Toutes les primes pour oiseaux domestiques ont été accordées à des propriétaires du département du Rhône.

La troisième sous-commission a accordé à M. Pont, directeur du Refuge d'Oullins (Rhône), pour un lot de 81 lapins
d'une belle race, une prime de 15 fr.

Elle a également décerné à M. Poggi (François), de Lyon,
pour introduction et multiplication dans le département de
l'Ain, des sangsues officinales , qui ont été présentées par
échantillons nombreux, aux divers phases et âges de leur développement, une médaille d'argent.

Poules :

1re, à M. Bergeon (Claude), fermier à la Guillotière (Rhône),
pour coqs et poules, race de l'Inde, race de Cochin-
chine et race de Bruges, métis, une prime de . . . .   15 fr.

2e, à M. Chamonal (Jean-Marie), cours de l'Hôpital, à Lyon
(Rhône), pour coqs et poules, des races de Padoue, de
Cochinchine, Normande, Bruges, Bressane, une prime de   15

3e à M. Gonnet (Joseph), à Oullins (Rhône), pour coqs et
poules de belle race du pays, une prime de   10

4e, à M. Bertoche (Antoine), de Chaponost (Rhône), pour coqs
et poules de race Irlandaise, une prime de   10

5e à M. Delouy (François), à la Guillotière (Rhône), pour
coqs et poules, de race Polonaise, race frisée, une prime de   10

6e, à M. Chaurant, à St-Genis-Laval (Rhône), pour coq et
poules, de race anglo-Indoue, une prime de.   10

7e, à M. Leclerc (Fortuné), à Oullins (Rhône), pour coq et
poules, de race Cochinchinoise, très-belle, une prime de   10

8e, à M. Morel (François), à Vénissieu (Rhône), pour coqs
et poules chaperonnés, de race Cochinchinoise, métis,
une prime de.   10

9e, à M. Arnoudy (Pierre), à Vénissieu (Rhône), pour coqs
et poules, de race Padoue croisée avec la Cochinchine,
une prime de   10

10e, à M. Robert, à Lyon (Rhône), pour poules et coqs,
de race de Cochinchine croisée, une prime de . . .   10

Dindons :

A M. Assada (François), à Soucieu (Rhône), pour dindons
et canards, une prime de   10

Oies :

1re, à M. Fageot (Victor), menuisier à Fontaines-St-Martin
(Rhône), pour oies communes, une prime de   15

2e, à M. Gogeon (Antoine), à Vaux-en-Vélin (Rhône), pour
oies chaperonnées, une prime de   15

Pigeons :

1er, à M. Durand (Benoît), à Fontaines-sur-Saône (Rhône).
pour des pigeons romains croisés. une prime de . . . 10 fr.
2e, à M. Groffoit (Antoine), à Monplaisir (Rhône), pour des
pigeons voyageurs, une prime de 10
3e, à M. Gayet (Ambroise), aux Charpennes (Rhône), pour
des pigeons patus de grosse espèce, une prime de. . . 10

Sangsues :

A M. Poggi (François), de Lyon (Rhône), pour l'introduction
et la multiplication des sangsues au voisinage de Lyon,
une médaille d'argent.

2e Section.

PRODUITS AGRICOLES.

Objets ou lots d'objets présentés : 253.

Statistique par département.

Ain	·4
Ardèche	1
Drôme	»
Isère	9
Loire	4
Rhône	235
Saône-et-Loire	»

Récompenses décernées : 67.
Primes en argent : 63.
Valeur de ces primes : 1,134 fr.
Valeur moyenne : 18 fr. 30 cent.

Statistique des récompenses par département.

Départements.	Récompenses (nombre).	Primes en argent (valeur.)	Médailles.
Ain	1	»	1
Ardèche . . .	1	15	»
Isère	5	95	»
Loire	2	25	1
Rhône. . . .	58	999	2
Totaux. . .	67	1,134	4

Récompenses décernées pour les Produits agricoles.

1re, à M. Beney (Claude), à St-Cyr) Rhône), pour froment ordinaire, une prime de . . . . **35 fr.**

2e, à M. Curty (Joseph), à Vénissieu (Rhône), pour froment ordinaire, une prime de **25**

3e, à M. Rey (Frédéric), à Peaugue (Ardèche), pour froment ordinaire , une prime de **15**

4e, à M. Gros (Barthélemy), à Pollionay (Rhône), pour froment de montagne, une prime de **25**

5e, à M. Pocachard (Benoît), à Pollionay (Rhône), pour froment de mars, une prime de. **15**

6e, à M. Chambon (Pierre), à St-Didier (Rhône), pour froment godelle, une prime de **20**

7e, à M. Mathieu (Antoine), à Pollionay (Rhône), pour du seigle, une prime de **20**

8e, à M. Curty (Joseph), à Vénissieu (Rhône), pour du seigle , une prime de **15**

9e, à M. Gaigneur (André), à St-Didier (Rhône), pour orge, une prime de **20**

10e, à M. Dumont (François), à St-Didier (Rhône), pour orge, un prime de. **15**

11e, à M. Lambert (Pierre), à Savigny (Rhône), pour avoine, une prime de **15**

12e à M. Curty (Joseph), à Vénissieu (Rhône), pour avoine grise, une prime de **10**

13ᵉ, à M. Pont (Denis), à Oullins (Rhône), pour grand
assortiment de légumes secs, une médaille en vermeil.

14ᵉ, à M. Buy (Jacques), à St-Didier (Rhône), pour colza,
une prime de . . . .   25 fr.

15ᵉ, à M. Clavigny, à Vaugneray (Rhône), pour colza, une
prime de.   20

16ᵉ, à M. Champagnon, à Vaugneray (Rhône), pour colza,
une prime de   15

17ᵉ, à M. Dumont (Antoine), à St-Didier (Rhône), pour
navette, une prime de   15

18ᵉ, à M. Delorme (Jean-Claude), à Vaugneray (Rhône),
pour plantes tinctoriales, une prime de   25

19ᵉ, à M. Mille (François), à Chaponost (Rhône), pour plantes tinctoriales, une prime de   20

20ᵉ, à M. Olivet-Besson, à Chantène (Isère), pour noix tar-
dives, une prime de   20

21ᵉ, à M. Jouteur (Denis), à Fontaines (Rhône), pour grande
collection de graines, surtout de céréales, une prime de   40

22ᵉ, à M. Verrier (Louis), à la Saulsaie (Ain), pour collection
de céréales, une médaille d'argent.

23ᵉ, à M. Merle, à Ambierle (Loire), pour collection de maïs,
une médaille d'argent.

24ᵉ, à M. Rozet (Jean), à Irigny (Rhône), pour lin, une
prime de.   15

25ᵉ, à M. Durozat (Jérôme), à Chaponost (Rhône), pour
chanvre, une prime de   14

26ᵉ, à M. Jouteur (Denis), à Fontaines (Rhône), pour collection de pommes de terre, une médaille en vermeil.

27ᵉ, à M. Commandeur (François), à Bron (Rhône), pour
pommes de terre hollandaises, une prime de   15

28ᵉ, à M. Clavigny, à Vaugneray (Rhône), pour pommes de
terre, deux variétés, une prime de   15

29ᵉ, à M. Lefort-Divany, à Bagnol (Rhône), pour pommes
de terre, une prime de   10

30ᵉ, à M. Dodet (Claude), à St-Didier (Rhône), pour pommes de terre, trois variétés, une prime de   20

31ᵉ, à M. Mattevon, à Chaponost (Rhône), pour pommes de
terre Kidnay, une prime de   15

32ᵉ, à M. Arnaudy, à Vénissieu (Rhône), pour pommes de terre, quatre variétés, une prime de . . . . 25 fr.

33ᵉ, à M. Guillet (Bernard), à St-Didier (Rhône), pour pommes de terre, résultats de semis, une prime de. . . 10

34ᵉ, à M. Mathieu (Lambert), à St-Didier (Rhône), pour pommes de terre, cinq variétés, une prime de. 20

35ᵉ, à M. Drivon (Pierre), à St-Didier (Rhône), pour pommes de terre, deux variétés , une prime de. . . . 15

36ᵉ, à M. Forget (Fleury), à Soleise (Ain), pour pommes de terre, cinq variétés , une prime de. 20

37ᵉ, à M. Vignat (Lambert), à St-Didier (Rhône), pour pommes de terre, cinq variétés, une prime de. . . . 20

38ᵉ, à M. Rossignol (Antoine). à Pollionay (Rhône), pour pommes de terre, une prime de. 15

39ᵉ, à M. Sériziat (Jean), à Dardilly (Rhône), pour pommes de terre , trois variétés, dont une hâtive, une prime de 15

40ᵉ, à M. Geoffroy (Guillaume), à St-Germain (Rhône), pour pommes de terre, trois variétés, une prime de . . 15

41ᵉ, à M. Passeron (Georges), à St-Didier (Rhône), pour pommes de terre, une prime de. 15

42ᵉ, à M. Gaivallet , à Chazal-Serpèze (Isère), pour pommes de terre, une prime de 15

43ᵉ, à M. Dumas (Jean-Claude), à Limonest (Rhône), pour pommes de terre, deux variétés, une prime de . . . 15

44ᵉ, à M. Curty (Joseph), à Vénissieu (Rhône), pour pommes de terre, une prime de 15

45ᵉ, à M. Gaivallet, à Chazal-Serpèze (Isère), pour betteraves, variétés, une prime de 25

46ᵉ, à M. Vignat (Lambert), à St-Didier (Rhône), pour betteraves, dix-sept variétés , une prime de. 50

47ᵉ, à M. Dodet (Claude), à St-Didier (Rhône), pour une collection de betteraves, une prime de 25

48ᵉ, à M. Drivon (Pierre), à St-Didier (Rhône), pour betteraves, une prime de 30

49ᵉ, à M. Commandeur (François), à Bron (Rhône), pour betteraves, une prime de 30

50ᵉ, à M. Jouteur (Benoît), à Fontaines (Rhône), pour betteraves, neuf variétés, une prime de 20

51e, à M. Mathieu (Lambert), à St-Didier (Rhône), pour betteraves de Silésie, une prime de . . . . 20 fr.

52e, à M. Commandeur (François), à Bron (Rhône), pour
carottes à collet vert, une prime de 15

53e, à M. Trône (Michel), à Bron (Rhône), pour carottes à
collet vert, une prime de. 15

54e, à M. Dodet (Claude), à St-Didier (Rhône), pour carottes à collet vert, une prime de 15

55e, à M. Viollet (Pierre), à St-Didier (Rhône), pour carottes à collet vert, une prime de 20

56e, à M. Vignat (Lambert), à St-Didier (Rhône), pour carottes à collet vert, une prime de 15

57e, à M. Robert (Pierre), à St-Symphorien (Isère), pour
pommes de terre, une prime de. 15

58e, à M. Rozet (Jean), à Irigny (Rhône), pour topinam-
bours, une prime de 10

59e, à M. Sériziat (Jean), à Dardilly (Rhône), pour graine
de trèfle, une prime de 25

60e, à M. Olivet, à Chaponost (Rhône), pour graines de
trèfle, une prime de 20

61e, à M. Curty (Joseph), à Vénissieu (Rhône), pour graines
de luzerne et de trèfle, une prime de 20

62e, à M. Gaigneur (André), à St-Didier (Rhône), pour
graines d'esparcette, une prime de. 15

63e, à M. Chambon (Jean-Marie), à Chalin-le-Cantal
(Loire), pour sorgho sucré, plantes et graines, une
prime de 25

64e, à M. Jaquemet-Cazot, à Chaponost (Rhône), pour collection de fruits variés, une prime de 20

65e, à M. Verrières, à Rontalon (Rhône), pour collection de
fruits, une prime de 10

66e, à M. Rogeot (Jean), à Dardilly (Rhône), pour porreaux,
deux variétés, une prime de. 9

3ᵉ Section.

PRODUITS, INSTRUMENTS ET AUTRES OBJETS DE SÉRICICULTURE.

Objets ou lots d'objets présentés : 50.

Statistique par département.

Isère	7
Loire	1
Rhône.	42

Récompenses décernées : 25.
Primes en argent : 13.
Valeur totale de ces primes : 885 fr.
Valeur moyenne : 68 fr. 08 cent.

Statistique des récompenses par département.

Départements.	Récompenses (nombre).	Primes en argent (valeur).	Médailles.	Rappels.
Isère. . .	4	75	3	1
Loire . .	2	50	1	»
Rhône . .	19	760	11	2
Totaux .	25	885	15	3

Le concours pour la culture et la taille du mûrier, dans le département du Rhône, était ouvert cette année comme les années précédentes ; mais les vérifications n'ayant pu avoir lieu en temps utile, la commission a décidé qu'une somme de 400 fr. serait réservée sur les fonds du concours pour être distribuée ultérieurement en primes.

Listes des Récompenses décernées pour les Produits Instruments et autres Objets de Sériciculture.

1re. à M. Gros-Jean (Louis), du Péage-de-Roussillon (Isère), pour des œufs de vers à soie, une médaille de bronze et une prime de . . . . 75 fr.

2e, à M. Chaurand (Amand), de Lyon (Rhône), pour une magnanerie à échelle roulante et couveuse, une médaille d'argent.

3e, à M. Dorel (Auguste), du Péage-de-Roussillon (Isère), pour cocons perfectionnés et graines, rappel de médaille de vermeil.

4e, à M. Père (Pierre), à Chaponost (Rhône). pour œufs de vers à soie, une médaille d'argent.

5e, à M. Peyre (Jean-Marie), à St-Irénée (Rhône). pour œufs de vers à soie, une médaille de bronze.

6e, à M. Colomb (Claude), de la Guillotière (Rhône), pour cocons et graines, une médaille en vermeil.

7e, à M. Michel (Jean-Baptiste), de la Guillotière (Rhône), pour cocons de seconde éducation, une médaille de bronze et une prime de. 25

8e, à Mme Fayolle (Antoinette), à Chaponost (Rhône). pour graines et bruyères, rappel de médaille de bronze et une prime de 30

9e, à M. Ressicaud (Jacques), à Chaponost (Rhône), pour éducation et soins intelligents, une prime de. . . . 50

10e, à Mme Revol (Catherine), à Chaponost (Rhône), pour cocons et graines. une prime de. 25

11, à Mme Turquais, à Boën (Loire). pour cocons et graines, une médaille en vermeil et une prime de. . . 50

12e, à M. Champinot (François), d'Ampuis (Rhône), pour cocons et graines, une prime de. 50

13e, à M. Bozzy (Antoine), de Lyon (Rhône), pour couveuse à éclosion, une prime de 200

14e, à M. Colomb (Étienne), de Brindas (Rhône), pour cocons et graines, une prime de 25

15e, à Mme Bournay, de Lyon (Rhône), pour soins à l'éducation et à la filature, une prime de 200

16ᵉ, à Mᵐᵉ Baboz (Marie), de la Guillotière (Rhône), pour soins à l'éducation et bons résultats, une prime de . . 100 fr.

17ᵉ, à M. Buisson (Charles), de la Tronche (Isère), pour filature perfectionnée, une médaille en vermeil.

18ᵉ, à M. Olivet-Besson, de Chantesse (Isère), pour œufs de vers à soie, une médaille de bronze.

19ᵉ, à M. Olivet (Antoine), de Chaponost (Rhône), pour œufs de vers à soie, une médaille d'argent.

20ᵉ, à Mᵐᵉ Offmann (Élisabeth), de Vourles (Rhône), pour œufs de vers à soie, une médaille de bronze et une prime de. 25

21ᵉ, à M. Bouchard (Claude), de Chaponost (Rhône), pour œufs de vers à soie, rappel de médaille de bronze.

22ᵉ, à M. Blanc (Jean-Marie), d'Oullins (Rhône), pour œufs de vers à soie , une médaille de bronze.

23ᵉ, à M. Sabot (François), d'Irigny (Rhône), pour éducation, une médaille de bronze et une prime de. . . . 30

24ᵉ, à M. Arnaudy (Pierre), de Vénissieu (Rhône), pour œufs de vers à soie, une médaille de bronze.

25ᵉ, à M. Chalot, de Lyon (Rhône), pour dévideuse de grége, une médaille de bronze.

<h2 style="text-align:center">4ᵉ Section.</h2>

MACHINES ET INSTRUMENTS AGRICOLES.

Objets ou lots d'objets présentés : 75.

Statistique par département.

Ain	1
Ardèche.	»
Drôme.	5
Isère	21
Loire	»
Rhône.	47
Saône-et-Loire . .	1

Récompenses décernées : 14.

Primes en argent : 12.

Valeur totale de ces primes : 1,075 fr.

Valeur moyenne : 89 fr. 58 cent.

Statistique des récompenses par département.

Départements.	Récompenses (nombre).	Primes en argent (valeur).	Médailles.
Ain	1	»	1
Isère	6	525	»
Rhône	6	500	3
Saône-et-Loire . .	1	50	»
Totaux . . .	14	1,075	4

Liste des Récompenses décernées pour les Machines et Instruments agricoles.

1re, à M. Casanova, professeur à la Saulsaie (Ain), pour charrue exécutée d'après ses modèles, une médaille en vermeil.

2e, à M. Moncel (Joseph-Benoît), de Charbonnières (Rhône, pour une collection de charrues, rouleau, brise-mottes, une médaille d'argent et une prime de. . . . . . 100 fr.

3e, à M. Perret (Blaise), de St-Genis-Laval (Rhône), pour charrue à défoncer et à déchaumer, une prime de. . . 100

4e, à M. Augier (Jean-Baptiste), de Chassieux (Isère), pour une collection de charrues, une prime de 50

5e, à M. Chanleais (Philibert), de St-Micaud (Saône-et-Loire), pour semoir et herse, une prime de. 50

6e, à M. Thomas (Nicolas), de la Tour-du-Pin (Isère), pour une machine à battre, à manége, une prime de . . . 150

7e, à M. Reypin (Louis), aux Esparres (Isère), pour une machine à battre, à bras, une prime de 100

8e, à M. Nême aîné, de Montromant (Rhône), pour une machine à battre et à moudre, une prime de 100

9e, à M. Bernier (Claude), de Lyon (Rhône), pour une machine à tirer et vanner les grains, une médaille en argent et une prime de. 100

10e, à M. Grandjean (Nicolas), de Lyon (Rhône), pour hache-
paille et coupe-racines, une prime de . . . . 100 fr.

11e, à M. Goubet (François), d'Estrablen (Isère), pour tuyaux
de drainage, une prime de. . . . · 50

12e, à M. Chameton cadet, de St-Symphorien (Isère), pour
machine à fabriquer les tuyaux de drainage, une prime de 150

13e, à M. Piguet (Auguste), de St-Genis-Laval (Rhône),
pour une baratte à mouvement centrifuge, une médaille
d'argent.

14e, à M. Rochat (Paul), de Bourgoin (Isère), pour une
barratte à mouvement rectiligne alternatif, une prime de 25

Un dîner, auquel assistaient plusieurs notabilités administra-
tives, M. le secrétaire général de la préfecture du Rhône,
M. Faret, auditeur au Conseil-d'État, M. le sous-préfet de
Villefranche, offert par M. le Sénateur aux membres du jury
et aux commissaires des deux concours, a terminé la solennité
d'une manière brillante.

En rendant compte du concours de 1855, j'ai cru utile
d'appeler votre attention sur la situation chevaline de notre
contrée, sur la nature et l'action des moyens employés ou pro-
posés pour l'améliorer. J'ai insisté principalement sur l'usage
raisonné de l'étalon de pur sang, et, en me plaçant au point
de vue de notre industrie équestre, j'ai recherché comment on
devait lui dispenser les encouragements dans le concours de
Lyon.

Si je n'ai pas été assez heureux pour faire adopter mes
idées et les introduire dans la pratique du concours, parce
qu'elles heurtent peut-être un peu trop nos habitudes et se
trouvent en opposition manifeste avec notre désir de donner
satisfaction à la fois à tous les intérêts, sans nous assurer s'ils
sont conformes à l'intérêt général qu'on doit seul se proposer,
j'ai eu du moins la satisfaction de voir accueillir mes idées par
des hommes compétents dans la matière. Cela devait momen-

tanément me suffire. Une opinion ne fait pas nécessairement
fortune par cela seul qu'elle est bonne. Il faut que l'instant de
son application soit venu , que l'insuffisance ou l'erreur des
opinions contraires ait été bien constatée.

J'aborderai aujourd'hui une autre question plus importante
peut-être pour le département du Rhône ; je rechercherai
quelle est la situation de son espèce bovine, par quels moyens
on pourrait l'améliorer et dans quelle mesure le concours agricole peut contribuer à cette amélioration.

L'espèce bovine, disais-je dans mon rapport de 1854, est
surtout appelée à fournir du travail, de la chair et du lait.
Mais l'importance attachée au premier des ces produits dimi-
nue chaque jour. Dans beaucoup de localités où le bœuf était
employé autrefois comme agent moteur principal, son emploi
se réduira bientôt à tracer des sillons et à transporter les récoltes. Sa marche lente et uniforme ne s'accorde plus avec les
besoins et les habitudes de célérité qui se manifestent et se
font sentir presque partout. En dehors de la culture , la vapeur
et le cheval restreignent son emploi en des limites de plus en
plus étroites ; tandis que, d'un autre côté , l'accroissement con-
tinu de la population et des travaux industriels , la nécessité
d'une nourriture plus abondante et plus substantielle, et la
crise prolongée des subsistances dirigent naturellement l'exploitation de cette espèce vers la production de la viande.

La situation à laquelle je faisais allusion n'a pas changé depuis cette époque. Au contraire, les besoins et les tendances
que je signalais se produisent chaque jour avec plus d'évidence.
Ils marquent d'une façon plus nette encore le but que doit se
proposer désormais la production.

L'exploitation de l'espèce bovine, dans le sens indiqué tout à
l'heure, aura certainement pour résultat, partout où elle pourra
éprouver quelques progrès : la substitution des races précoces
propres à la boucherie, disposées à s'engraisser de bonne heure,

aux races énergiques, capables de supporter le travail et de résister à la fatigue, mais plus lentes dans leur développement, ou bien l'amélioration de ces dernières, dans le sens de la précocité, par des croisements ou par des modifications dans l'élevage et dans le régime.

Les personnes qui ne voient plus dans le bœuf qu'un animal alimentaire, dont l'emploi comme moteur devient une sorte de non-sens économique, et constitue un fait désormais contraire aux véritables intérêts de l'agriculture et de la société, acceptent sans restriction les conséquences que je tire de leur principe, et elles sont logiques.

Mais la suppression du travail des bœufs dans une contrée aussi étendue, aussi accidentée, et d'un climat aussi divers que la France, est impossible.

Elle supposerait nécessairement l'emploi exclusif dans la culture, des deux autres moteurs actuellement utilisés, la vapeur et le cheval.

Cette supposition n'est pas admissible. En France, même dans les localités les plus avancées sous le rapport agricole, les plus favorisées pour la fertilité de la terre et l'intelligence de leurs habitants, l'usage de la vapeur est restreint au mouvement de quelques machines fixes. De longtemps sans doute il ne permettra de réduire sensiblement le nombre des animaux auxiliaires.

Si le travail du bœuf était supprimé, il faudrait bien le remplacer par celui des chevaux. Ce changement ne pourrait s'effectuer que par une augmentation dans le nombre de ces derniers animaux, et par l'accroissement du chiffre des têtes de bétail entretenues sur chaque exploitation.

Que cette condition, si elle était réalisable, fût heureuse au point de vue de la production des engrais et de la viande, cela n'est pas douteux ; mais elle suppose un résultat antérieur sans lequel l'opération échouerait inévitablement, c'est une augmentation dans les ressources fourragères.

En effet, tout accroissement dans le nombre des animaux, de même que l'amélioration dans leur régime doit entraîner, comme conséquence, la production d'une plus grande quantité de fourrages.

Si le perfectionnement dont il s'agit était toujours possible, la réduction indéfinie du travail des bœufs pourrait être poursuivie partout comme plus conforme aux devoirs et aux intérêts de la production. Il n'en est pas ainsi.

C'est, à mon sens, une erreur de citer à des Français de toutes les provinces, à propos d'améliorations agricoles, de productions de fourrages et d'animaux de boucherie, l'exemple de l'Angleterre et d'autres pays dont les circonstances de sol et de climat sont pareilles.

Oui, l'Angleterre a fait beaucoup en agriculture ; elle a, si l'on veut, opéré des merveilles. Une partie de son sol était mauvais ou infertile, elle l'a amélioré. Au commencement du XVIIIme siècle son bétail était misérable, ses races bovines et ovines au-dessous du médiocre, elle les a perfectionnées, transformées.

Pour obtenir de semblables résultats, il a fallu sans doute de la persévérance, de l'habileté dans l'emploi des amendements et des engrais. Mais si le climat de la Grande-Bretagne n'avait pas été favorable à la production des fourrages, les améliorations dont je parle et qui ont changé la face de l'agriculture anglaise n'auraient pu être réalisées.

Les Anglais ont su admirablement disposer leur terre pour les récoltes céréales, mais ils ont eu le talent surtout de tirer le parti le plus heureux de sa situation, pour en obtenir des produits qui leur permettaient de créer et d'entretenir des races très-productives. Avec tout leur génie, ils auraient cherché vainement à s'approprier nos cépages ; ils le savaient fort bien et ne l'ont pas tenté sérieusement. Ils se sont résignés à rester tributaires de nos cantons vinicoles.

Pour produire les laines superfines que ses manufactures emploient, la Grande-Bretagne aurait eu à lutter contre les influences d'un climat humide et brumeux, elle a donné la préférence à la chair et à la graisse, que ses races ovines et ses ressources fourragères lui permettaient d'obtenir plus aisément et en grande quantité. Et sa marine puissante va lui chercher au bout du monde les toisons dont elle a besoin.

Demander à beaucoup de localités de la France d'imiter l'Angleterre dans ses méthodes d'exploitation du sol, n'est pas plus raisonnable que d'engager sérieusement celle-ci à produire nos vins de Bourgogne, du Beaujolais et de Bordeaux, etc.

Partout où les récoltes fourragères sont abondantes et assurées, la production animale peut devenir en quelque sorte la base de l'exploitation ; alors on peut entreprendre toutes les améliorations dont les races sont susceptibles. Mais lorsque les prairies naturelles sont peu étendues ou médiocres, les cultures fourragères chanceuses; lorsque surtout une grande partie de la terre est consacrée à la vigne, et c'est le cas de notre département, il faut renoncer, non point à toute espèce d'amélioration des animaux domestiques, mais du moins à ces rêves dont se bercent beaucoup d'agronomes de conviction, et ceux qui, en parlant des progrès de l'agriculture, ont les yeux sur les merveilleuses découvertes de la science et de l'industrie.

Le département du Rhône doit être en effet compté au nombre des localités où il est nécessaire de faire travailler les animaux de l'espèce bovine, où l'on ne peut conséquemment espérer de voir introduire et se fixer les races les plus productives, les plus précoces, les meilleures en un mot pour la boucherie et pour le lait.

Cette proposition ne signifie pas qu'il faut renoncer autour de nous à toute tentative ayant pour objet de changer la situation actuelle ; que l'on doit y persister à se servir des animaux les plus robustes, les plus propres au travail, sans tenir compte des autres destinations de l'espèce. Entre ces deux termes opposés, il y a place pour quelque chose de plus conforme aux exigences de la culture locale et aux besoins du pays.

Naguère encore la France était riche en races bovines énergiques et spécialement destinées au travail. Créées sous l'influence d'un climat un peu rude et d'un régime sévère, ces races se perpétuaient avec leurs caractères distinctifs, parce qu'elles se reproduisaient à peu près sans mélange, et que leurs conditions d'existence restaient toujours les mêmes. Le travail, une nourriture souvent insuffisante entretenaient dans les individus, la sobriété, la rusticité, mais excluaient les dispositions à un accroissement rapide et considérable, à un engraissement facile.

Ces races tendent à disparaître; chaque jour elles perdent du terrain et cèdent la place à d'autres dans lesquelles une certaine force de résistance à la fatigue s'allie à des aptitudes notables pour un engraissement assez précoce, et qui, sans avoir des qualités supérieures, remplissent mieux la destination de l'espèce.

Les animaux de cette dernière catégorie constituent une classe mixte. Ils deviennent de plus en plus nombreux en France; aucune contrée, peut-être, n'en possède de meilleurs. Pour en citer des exemples, nous n'avons que l'embarras du choix. Les races du Charolais, de Salers, du Bourbonnais, de l'Agenais, en fournissent d'excellents. Les concours de boucherie ont servi à mettre en relief leurs qualités comme bêtes de boucherie, qualités sur le compte desquelles il s'est commis autrefois et se commet encore aujourd'hui bien des erreurs. La multiplication, l'extension de ces races a été et doit être pour la France un progrès tout aussi réel que pour l'Angleterre, la création ou l'amélioration des types de Durham, de Hereford, Devon, d'Angus, etc. Ces derniers sont appropriés aux conditions économiques de presque tous les districts de l'Angleterre, comme les autres le sont aux conditions d'utilisation de l'espèce dans la majorité de nos provinces.

C'est ce progrès que l'on doit chercher à obtenir partout où l'on ne peut suivre l'exemple des pays favorisés par la production des fourrages, et s'élever à la production ou à l'entretien des races les plus perfectionnées; qu'il est, en conséquence, désirable de voir réaliser dans notre département ; le seul auquel il pourra véritablement aspirer de longtemps, si l'on en juge par l'ensemble de son économie rurale.

Ceci m'amène naturellement à parler de la spécialisation.

En agriculture, en zootechnie, les idées exclusives ou trop absolues sont ou fausses ou dangereuses , et soulèvent toujours contre elles les hommes qui savent se défendre contre la séduction des mots habilement arrangés. Il en a été ainsi de la théorie de la spécialisation sur laquelle on a récemment tant discuté.

Le débat a porté principalement sur l'espèce bovine comme étant celle où la spécialité d'aptitudes paraît répondre à des besoins plus étendus, plus nets et plus impérieux.

L'idée de la spécialisation a été revendiquée avec talent et passion. Qu'on nous permette de dire qu'elle n'est pas nouvelle dans la pratique ni dans la science. Que font les Arabes et les Anglais lorsqu'ils conservent pures de tout mélange leurs belles races chevalines? Qu'ont fait Backwel, les Colling et tant d'autres pour les moutons et les bœufs, si ce n'est spécialiser, c'est-à-dire créer et conserver pour des destinations spéciales et déterminées? On spécialise donc depuis plus de mille ans. En France, avant qu'on n'eût inventé la *zootechnie*, on appelait cela *approprier* une race au rôle qu'elle était appelée à jouer, et l'on disait que le terme du progrès en industrie animale était l'*appropriation* exacte des races. On ne veut plus du mot, on s'approprie l'idée, soit ; mais il me semble qu'autrefois pour être moins absolue et comprendre le rapport des animaux avec les circonstances de production et d'utilisation, elle n'en était pas plus mauvaise.

Quoi qu'il en soit, du principe de la spécialisation, on est arrivé aux conséquences suivantes : Le bœuf peut recevoir deux destinations tout à fait distinctes, l'une ayant pour objet le travail, l'autre la production de la graisse. On ne saurait exiger du même individu qu'il les remplisse bien toutes deux, et c'est une duperie de ne pas avoir pour la première le Durham, par exemple, et pour l'autre des machines composées d'os et de nerfs. Donc, il ne faut que deux catégories d'individus, mais chacune d'elles doit atteindre à la supériorité, à l'excellence dans son genre. Il n'y a pas de place, en bonne économie rurale, pour les races bovines mixtes ; on doit les supprimer ou les changer.

Cette doctrine de la spécialisation a semblé trop absolue. De nombreuses objections empruntées à la science et à la pratique lui ont été faites. Nous aurions pu les rappeler ici, nous le croyons inutile. Nous n'ajouterons qu'un mot. La spécialisation bonne en principe peut-elle s'étendre à tout, être réalisée partout ? La suppression du travail des bœufs est-elle désirable, est-elle possible chez nous ? Dans les exploitations où le travail doit être conservé, peut-on avoir deux catégories d'animaux, les uns pour la culture, les autres pour la graisse ? L'existence et l'utilité des races mixtes peut-elle être niée sans erreur ?

« Je prétends, écrit M. Félix Villeroy, qu'en toute chose on n'arrivera pas à la plus grande perfection, si l'on veut poursuivre plusieurs buts à la fois. Ainsi, j'accorde sans difficulté qu'il y a pour les bêtes à cornes trois races : pour le travail, pour la laiterie, pour l'engraissement ; mais je prétends que dans le plus grand nombre des cas, il est de l'intérêt du cultivateur de ne demander qu'une perfection relative, et de chercher à obtenir la réunion des trois aptitudes à un degré moins élevé que ne pourrait avoir chacune poursuivie seule.

« Ma conviction est que dans le plus grand nombre des positions agricoles, la spécialisation n'est nullement à désirer, qu'elle n'est pas même praticable. »

Ce sont les sujets des races charolaise et bressane qui dominent autour de nous. Ils y sont généralement médiocres. Leur infériorité, relativement aux races auxquelles ils appartiennent, tient en premier lieu à leur diversité même et aux mélanges qui en sont la suite ; elle provient aussi du peu de qualités et du mode d'emploi des reproducteurs, et enfin des vices de l'éducation et du régime des jeunes animaux.

Je regarde la diversité de provenance et le mélange de races qu'elle occasionne comme une cause de médiocrité et même de dégénération. Cette opinion repose sur les faits ; les meilleures races, les plus estimées, les plus productives, ont toutes des caractères à peu près fixes, ne varient que dans de faibles limites et se conservent par la génération.

On sait combien l'Angleterre attache de prix à la pureté de ses bonnes races, et elle a raison.

La nature se refuserait-elle à légitimer ces alliances que l'on voit se produire dans tous les endroits où aucune race ne domine essentiellement par le nombre ou par un mérite supérieur ? On est porté à le croire quand on s'en réfère à l'expérience.

Si l'on objectait que les races locales et déterminées doivent leurs qualités aux circonstances de climat et de régime où elles se sont formées, où elles vivent présentement, je répondrais qu'elles ne restent pas fatalement confinées autour de leur berceau, et qu'on les voit se propager au delà, sans perdre leurs caractères distinctifs. C'est ce qui arrive chaque jour pour celles du Charolais, de l'Agenais, de la Comté, etc.

Je crois qu'il y a un avantage incontestable à posséder une race fixe, si elle a quelque valeur. La production est plus régulière et plus assurée ; en puisant dans la race même on court moins de risque d'être trompé, enfin, l'amélioration peut être tentée par des moyens généraux tels que la sélection et le régime, et si l'on veut pratiquer des croisements, il est plus facile d'en déterminer le sens et d'en prévoir les résultats.

Le département du Rhône entretient beaucoup de bœufs et de vaches, la statistique de 1840 donne les chiffres suivants :

Taureaux	1,064
Vaches	47,736
Bœufs	6,713
Veaux	15,585

Il est évident que ces chiffres ne sont plus exacts aujourd'hui, et que le nombre des têtes de bétail a beaucoup augmenté depuis 1840.

La surface pourrait être divisée en contrées qui produisent pour l'élevage, et en contrées qui achètent pour l'usage ; celles-ci sont de beaucoup les plus nombreuses.

Les bœufs sont entretenus exclusivement pour le travail ; leurs propriétaires ne les engraissent pas, ils les vendent à des emboucheurs du Charolais ou du Dauphiné.

Les vaches sont nourries pour le lait ou pour le travail.

On a souvent blâmé l'emploi de la vache comme moteur. Ceci prouve une fois de plus que les conclusions de la science ne sont pas toujours d'accord avec les nécessités de la pratique.

Dans notre vignoble, en effet, les fourrages sont peu abondants ; l'espace qui leur est consacré étant fort borné. Le propriétaire et le fermier qui ont besoin pour leur culture de quelques animaux, donnent la préférence à la vache, qui leur suffit, d'ailleurs, et qui, par son travail, son fumier, un peu de lait et un veau chaque année, paie mieux que tout autre auxiliaire la nourriture qu'elle consomme.

N'est-il pas admis que la vache peut devenir le meilleur instrument de transformation des fourrages ?

Elle est généralement préférée dans la petite culture, parce qu'elle est plus sobre que le bœuf, plus alerte, plus intelligente et supporte mieux que lui les courses prolongées.

Les partisans exclusifs des races précoces, qui voient le salut de l'agriculture et de la société dans la production d'une grande quantité de viande de boucherie et dans le régime de la stabulation permanente, trouveront ces idées et cette pratique bien arriérées. On peut leur répondre que si la manière dont ils envisagent la question est bonne dans les climats et dans les exploitations très-propres à la production des fourrages, elle n'est plus admissible autour de nous, par exemple, où les prairies naturelles sont peu étendues et assez peu productives, où la récolte des prairies temporaires n'est pas assurée, tant s'en faut.

On a dit avec raison que l'agriculture était une science de localités. Sans doute, l'art a ses préceptes généraux que l'agronome peut déduire de l'observation ; mais il n'en est pas moins vrai que leur application exige, pour chaque circonstance, une étude nouvelle, et ce qui est excellent dans un endroit, peut n'avoir aucune valeur dans un autre très-rapproché.

C'est là, avec la variété d'objets qu'elle embrasse et la diversité des obstacles qu'elle trouve dans tout ce qui peut agir sur les plantes et les animaux, le sol, le climat, les saisons, les intempéries, ce qui rend l'agriculture si difficile à bien pratiquer ; ce qui devrait lui faire trouver grâce devant ses accusateurs et nous préserver des systèmes trop absolus en culture comme en zootechnie.

Si les animaux précoces étaient capables de travailler sans inconvénient pour leur conservation ; s'ils n'étaient point exigeants, dans leur jeunesse surtout, pour les soins et la nourriture, ce serait une faute grave de ne point leur donner la préférence sur les autres. Mais, en vérité, je ne puis admettre, parce que cela est contraire à l'expérience, que l'élevage et l'emploi des races perfectionnées ne réclament pas plus d'attention et de ressources que celui de nos animaux indigènes.

Il me paraît bien établi que les conditions de climat et de culture ne permettent pas de substituer, dans le département du Rhône, le travail du cheval à celui du bœuf ou de la vache; que cette dernière est en quelque sorte le moteur agricole obligé dans le vignoble, et doit être préférée au cheval et au mulet : qu'enfin, on ne trouve qu'exceptionnellement dans notre contrée des circonstances qui permettent de se livrer, avec suite et profit, à la production et à l'entretien des races précoces et volumineuses.

L'existence d'un concours de boucherie à Lyon, sa prospérité croissante, ne prouvent rien contre ma proposition ; ce n'est pas le département du Rhône qui envoie des bœufs à cette exhibition.

De ce que nous devons renoncer à avoir dans nos campagnes les animaux les plus productifs, il ne suit pas que nous soyons forcés de nous en tenir à ce que nous possédons, et qu'aucun effort pour rendre meilleure notre situation ne puisse être tenté avec chances de succès. Je suis de l'avis de ceux qui croient qu'il n'est pas nécessaire qu'un bœuf ou une vache, pour bien travailler, soient tout os et tout nerf. On conçoit l'alliance, dans certaines limites, chez le même individu, de la force qui fait supporter la fatigue, de la sobriété qui s'accommode d'un régime médiocre, avec des dispositions natives à un développement, à un engraissement précoces. Et c'est parce que plusieurs races fournissent des exemples de cette alliance qu'elles sont aujourd'hui appréciées et recherchées.

Les spécialistes absolus auront beau faire, ils ne persuaderont à personne que l'alliance dont je parle n'existe nulle part; qu'elle ne se rencontre point d'une manière frappante, incontestable et comme propriété de race dans quelques groupes d'individus. Il ne s'agit donc plus de se prononcer entre des animaux à aptitudes tout à fait contraires ou exclusives, mais quand on ne peut choisir les plus perfectionnés, de s'attacher à ceux dont les qualités sont le plus en harmonie avec les besoins et les ressources.

Dans la production et dans le choix d'une race bovine, quelle que soit la destination immédiate des animaux, on ne doit jamais perdre de vue leur destination finale, l'abattoir. Il y a des circonstances où l'on devra produire et entretenir exclusivement pour la boucherie ; il en est d'autres plus rares, où il y aura peut-être avantage à avoir les sujets les plus robustes. Dans le plus grand nombre , on devra rechercher des bœufs qui s'engraisseront bien après avoir travaillé quelque temps.

C'est là précisément ce que nous voulons pour le département du Rhône. Les animaux doivent y travailler, mais je crois que cette condition pourrait se concilier avec une aptitude plus grande à prendre dans un âge peu avancé du volume et de la graisse.

Il y a donc là une amélioration à produire, amélioration que je crois compatible avec l'état actuel de la culture ; nous n'avons plus qu'à rechercher par quels moyens elle pourra être obtenue.

Deux moyens se présentent , ce sont : 1° le croisement à l'aide d'une race supérieure aux nôtres ;

2° Un meilleur choix et un emploi plus judicieux des reproducteurs dans l'une de nos races locales dominantes.

L'un et l'autre moyen combiné avec un élevage et un entretien convenables.

Parmi les races dont l'intervention a été le plus souvent réclamée dans ces derniers temps en France, au point de vue des besoins généraux de notre pays, nous citerons celles de Durham et de la Suisse.

Proposées d'une manière absolue et dans toutes les occasions, soit pour la graisse et la chair, soit pour la laiterie, leur rôle n'a peut-être pas toujours été envisagé sous son véritable aspect. Il ne sera donc pas sans intérêt d'y revenir encore, surtout pour nos localités où la production est mauvaise ou hésitante.

Race de Durham. — Elle est d'origine anglaise. Sa création remonte à la seconde moitié du XVIII° siècle. Depuis trente ou quarante ans on l'a vue se régulariser, s'épurer en se propageant autour de son berceau, et aujourd'hui ses caractères sont assez bien fixés pour que l'on puisse compter sur son influence dans la reproduction. Quelle que soit l'ancienneté des races avec lesquelles on l'allie, et le degré de résistance qu'elles apportent à toute modification de leur état, elle transmet toujours à ses produits une partie de ses aptitudes. On reconnaît chez eux ses formes caractéristiques, la largeur et la profondeur du tronc, la finesse des membres et le peu de développement relatif du squelette. Elle est éminemment précoce et disposée à s'engraisser. Ces qualités lui ont valu la faveur dont elle jouit en Angleterre. Ajoutons, pour être vrai, que le haut prix que les étrangers ont mis aux reproducteurs de cette race y ont contribué pour quelque chose.

Sa faculté laitière est assez grande, mais elle est bientôt dominée, dans les animaux convenablement nourris, par la formation de la graisse, et ne dure pas assez longtemps. Elle est assez prononcée dans la race, toutefois, pour que quelque chose en soit communiqué aux métis dans les croisements avec une race médiocre ou mauvaise.

Mais les Durham, et leurs dérivés immédiats exigent, pour réussir dans quelque endroit qu'ils se trouvent, des soins judicieux, une nourriture sinon choisie, du moins relativement abondante. Ils ne prospèrent point et descendent souvent audessous du médiocre quand on les élève, quand on les entretient avec parcimonie et négligence. D'ailleurs, ils n'ont pour le travail aucune aptitude; leur organisation se refuse à ce genre de service. Leur spécialité, en définitive, c'est la production de la graisse et de la chair.

Il n'est pas bien prouvé que ces animaux jouissent d'une fécondité satisfaisante. Leur alliance avec une autre race donne des femelles délicates et généralement moins fécondes que celles de la race croisée.

Les soins que réclament ces animaux, l'alimentation dont ils ont besoin pour ne pas dégénérer, voudrait-on, pourrait-on les leur donner dans notre département? s'y résignerait-on à réduire le nombre des têtes de bétail de chaque exploitation, pour mieux nourrir les nouveaux venus? Je ne le pense pas. Une amélioration entreprise dans ces conditions, mal exécutée, n'aurait que des résultats incomplets et serait bientôt abandonnée.

Tout au plus le reproducteur de Durham pourrait-il être proposé aux propriétaires qui ne font pas travailler leurs vaches et n'élèvent aucun produit.

Si l'on raisonne en vue des localités où les bœufs et les vaches sont chargés de toute la culture et de la plupart des transports, les motifs pour repousser l'emploi des Durham, comme améliorateurs, sont tout à fait concluants. Des essais ont été faits, et nous sommes obligé de dire contrairement aux assertions des partisans des animaux anglais, qu'ils ont échoué partout où des travaux pénibles leur ont été imposés.

Notre conclusion est facile à prévoir. Le Durham ne convient que dans les lieux où l'on élève exclusivement pour la boucherie, où les bœufs et les vaches ne travaillent pas, où l'on peut consacrer aux animaux les soins et la nourriture qui doivent maintenir et développer leurs aptitudes. Nous l'avons dit, ce n'est point là notre situation.

Races Suisses. — Elles sont remarquables par la beauté et le grand développement de leurs formes, par leur faculté laitière, par le volume de leurs veaux.

Originaires de contrées montueuses, ces races ne sont pas moins très-exigeantes sous le rapport de la nourriture, parce qu'elles se sont créées sur des pâturages fertiles et de bonne qualité. Leur grande taille les force à manger beaucoup et impose l'obligation de ménager pour elles d'abondantes ressources fourragères. Partout où elles ne sont pas fortement nourries, elles dégénèrent et descendent assez promptement, pour leur rendement net , au-dessous des races locales auxquelles on voulait les substituer.

La race de Schwitz qui , par ses caractères, paraîtrait mieux convenir aux localités que nous avons en vue, a souvent les cornes mal placées ou mal dirigées, ce défaut est pour elle une cause puissante de réprobation.

On a souvent essayé en France l'introduction des animaux de la Suisse ; presque toujours ils ont eu contre eux l'opinion des cultivateurs. Et, en effet, on les a vus échouer dans la très-grande majorité des cas. Cela tient certainement à leur exigence qui est absolue sous le rapport de l'alimentation. Comme tous les autres, ils ne donnent qu'en proportion de ce qu'ils reçoivent, en dehors de leur ration d'entretien, et celle-ci étant très-forte, les animaux consomment beaucoup pour produire, ou ils sont mal nourris, et, dans les deux cas , les fourrages ne sont pas, dans le plus grand nombre des circonstances, payés assez cher par la production.

La vache Suisse est recherchée au voisinage des grandes villes et partout où le lait se vend très-bien , parce que là on peut faire des sacrifices pour la nourriture de ces animaux, y trouver même des ressources qui manquent ailleurs. Mais dans d'autres conditions et en l'absence de grands et bons pâturages, son entretien est onéreux.

M. Moll disait en 1842 , dans un rapport au ministre : « Depuis qu'on a fini par s'apercevoir que ces races si belles de la Suisse étaient, économiquement parlant, de mauvaises races, en ce qu'elles exigeaient des soins et une nourriture qui étaient rarement en rapport avec leurs produits , les exportations de jeunes bêtes ont diminué et le prix en a baissé. »

★

Le croisement par les taureaux suisses donnerait sans doute des produits plus volumineux, mais dont les besoins seraient plus grands. Nos vaches ne suffiraient pas à leur allaitement, il faudrait suppléer à leur insuffisance, mais comment et à quel prix ?

J'ai supposé que les moyens dont je discute l'opportunité et la valeur étaient à la portée ou à la disposition des propriétaires de bestiaux. Il est loin d'en être ainsi. On parle beaucoup du taureau de Durham, mais où le trouver bon, à des prix abordables et en assez grand nombre surtout ? L'importation de reproducteurs étrangers de choix est une opération coûteuse, entourée de risques et d'incertitudes. Les gouvernements seuls peuvent s'en charger. En attendant, il est du devoir des administrations locales et des hommes éclairés de rechercher ce qu'on peut obtenir de perfectionnement par un emploi meilleur des ressources dont on dispose.

Si les races de Durham et de la Suisse ne sauraient fournir d'heureux résultats dans notre département, nous adresserons-nous pour les obtenir à celles de l'Auvergne, du Bourbonnais, dont nous avons pu apprécier les qualités dans nos concours pour la boucherie et que nous pouvons étudier dans nos marchés ? Adopterons-nous de préférence la race d'Ayrshire que le Gouvernement vient d'introduire dans notre voisinage.

Cette dernière, on le sait, est exclusivement laitière, et sa taille est trop petite pour qu'elle puisse remplir la double destination que les circonstances nous forcent d'imposer à nos bêtes bovines. Sa spécialité est trop bien déterminée pour que nous puissions recourir à elle. Et si elle est appelée à modifier un jour nos races locales, il faut attendre pour nous en servir qu'elle ait fait ses preuves, de ce côté du détroit, dans des croisements poursuivis avec suite, qu'elle ait donné des résultats sur lesquels on puisse se prononcer sans prévention et avec parfaite connaissance de cause.

Quant aux autres, nous ne saurions les regarder comme amélioratrices. Elles ont avec nos animaux trop de ressemblance pour les aptitudes, et, sous bien des rapports, elles ne leur sont point supérieures. Si le département du Rhône voulait se les approprier, ce n'est pas au moyen des croisements qu'il devrait le faire, mais bien par une importation directe.

Les développements dans lesquels je suis entré touchant la situation de l'espèce bovine dans le département, les conditions d'existence qui lui sont généralement faites, la nécessité de l'améliorer, nous conduisent à cette conclusion, que nous ne pouvons songer à obtenir maintenant ce résultat par des croisements avec une race étrangère ou indigène. La conséquence qui en découle logiquement, c'est que si nous voulons rendre notre position meilleure, nous devons nous attacher à perfectionner et à propager celle de nos races locales qui paraît le mieux convenir à nos besoins et à notre but.

Race Charolaise. — Bien des raisons militent en faveur de la race Charolaise. L'opinion de la localité lui est acquise. On est habitué à l'y voir; ses qualités y sont connues, c'est déjà beaucoup. Ajoutons qu'elle y est parfaitement acclimatée et que ses aptitudes générales sont en harmonie avec les destinations que l'espèce y reçoit. Ces considérations sont à mes yeux d'une haute importance et me semblent déterminantes.

Dans les exploitations où l'on fait travailler habituellement les vaches, il ne faut pas songer à obtenir d'elles beaucoup de lait, ni, de leurs produits, une grande précocité de développement. Il est raisonnable de se contenter, dans de semblables conditions, de races mixtes dont les qualités et les aptitudes moyennes n'ont rien d'exclusif.

M. de Dampierre et d'autres agronomes ont soutenu avec raison qu'une partie de la France ne peut se passer d'animaux à deux fins. Le département du Rhône est dans ce cas, et la race charolaise réunit les principales qualités que l'on y doit rechercher dans l'espèce. Elle travaille bien, ses formes sont belles, son élevage n'offre pas de difficulté. Sa robe est uniforme, particularité généralement estimée des cultivateurs. Elle lutte, pour la précocité et pour la graisse, quand son élevage est dirigé en conséquence, avec les meilleures races du continent, et soutient, sans trop de désavantage, la comparaison avec les Durham.

Elle est ancienne, bien fixée et possède des aptitudes naturelles précieuses, susceptibles de se développer encore. On voit ce qu'elle devient pour la précocité, pour le volume, entre les mains des éleveurs et des engraisseurs intelligents du Brionnais, de la Nièvre, du Cher, etc. On peut lui reprocher de n'être pas assez laitière. Sous ce rapport, elle est réellement inférieure à d'autres races mixtes ; aussi n'est-ce point à elle que l'on peut conseiller maintenant d'emprunter les bêtes entretenues uniquement pour le lait. Nous n'avons en vue que les lieux où l'on fait naître pour l'élevage, et ceux où l'on fait travailler les individus des deux sexes.

La race Charolaise a beaucoup de ressources naturelles. Il ne s'agit que de savoir les utiliser. Partout où elle trouve des conditions économiques convenables, elle paie bien les soins dont elle est l'objet, la nourriture qu'on lui distribue. Cela explique pourquoi dans la Nièvre, dans le Cher, elle s'est rapidement substituée aux races locales dont les aptitudes n'étaient plus en harmonie avec la situation agricole et les besoins du pays. Elle est fort répandue dans le département du Rhône. Peu éloignée de son berceau, elle y a conservé ses principaux caractères. Si son mérite s'est affaibli, cela tient aux causes déjà indiquées plus haut, au défaut d'attention apporté dans sa multiplication et dans son élevage. Je crois qu'il serait de l'intérêt bien entendu de notre département de chercher à propager cette race en ramenant ses qualités.

On y parviendrait, non point tout à coup, cela est impossi-

ble, mais progressivement : 1° par l'introduction dans nos contrées de beaux taureaux puisés à la source même de la race et
dans les lieux où elle présente le plus d'homogénéité et de valeur ; 2° en offrant des primes convenables aux propriétaires
qui seraient en possession d'animaux d'un mérite réel et dont
l'emploi comme reproducteurs serait fait avec intelligence et
succès.

Le département et les comices pourraient concourir directement à la première opération. Le concours agricole de Lyon
serait en mesure de contribuer à la seconde. Seulement, sans
renoncer pour cette partie de son action aux exhibitions an-
nuelles, il faudrait que ses encouragements ne se bornassent
point aux individus qui lui sont présentés, et qu'il les étendit
à tous ceux dont le mérite et l'emploi judicieux auraient été
régulièrement constatés

Ces propositions sont de nature à soulever des objections. On
va songer de suite aux frais, aux difficultés que présenterait
leur application. Si l'on pense que le progrès, dont j'ai fait en-
trevoir la nécessité et la possibilité, se réalisera sans efforts et
que le concours de Lyon a la meilleure organisation possible,
je n'ai plus rien à dire.

Il n'en est malheureusement point ainsi. Et quand je vois
dans une statistique de l'espèce bovine faite récemment à ma
prière par un de nos honorables correspondants, que dans trois
cantons seulement trois cents taureaux environ sont employés
à la reproduction, je me demande quelle influence peuvent
exercer les primes données aux quelques taureaux souvent médiocres et appartenant à quatre ou cinq races différentes qui se
présentent à notre concours.

Je borne là mes vues sur ce sujet. Je rassemble en ce mo-
ment les éléments d'un travail ayant particulièrement trait
à la circonscription du comice de Beaujeu. Je reprendrai la
question et lui donnerai plus de développements.

Ce que je conseille tend donc à faire adopter, dans le département du Rhône, comme race déterminée et habituelle, la race Charolaise ; à multiplier le nombre des bons producteurs mâles, et à obtenir un meilleur usage des animaux des deux sexes pour la reproduction.

Toutefois, employés seuls, ces moyens ne suffiraient pas pour atteindre le but. Il faut que les cultivateurs se persuadent bien que les produits en nature ou en travail sont toujours, dans une catégorie quelconque d'individus, en raison de la quantité et de la qualité de la nourriture consommée ; que les animaux jeunes ne se développent bien qu'à la condition d'être convenablement nourris ; qu'enfin, c'est un non-sens économique de vouloir obtenir tout à la fois, d'une race médiocre et mal nourrie, du travail, du lait, de beaux produits et de la précocité.

Aucune tentative d'amélioration du bétail ne peut réussir, elle échoue fatalement si elle n'est précédée ou accompagnée de l'accroissement ou d'un meilleur usage des ressources fourragères. Elle suppose donc que les propriétaires ou les fermiers se sont décidés à donner plus de soins à leurs prairies naturelles, à les améliorer par la culture, par des irrigations ou par le drainage, selon les besoins, par l'emploi d'engrais liquides qu'ils laissent ordinairement perdre ; et enfin, qu'ils ont recours partout où cela est possible, aux récoltes fourragères ou sarclées.

Si tous ces moyens étaient bien compris et bien appliqués, on verrait se produire dans notre département, ce qui s'est vu dans la Nièvre et dans le Cher, pour la race que nous recommandons ; dans l'Auvergne, pour celles de Salers et d'Aubrac ; dans le Poitou et la Vendée, pour celle du Bocage ; dans la Haute-Garonne, pour la race Agenaise, c'est-à-dire une race bovine ancienne douée de qualités natives, s'améliorant par le développement de ces qualités, s'irradiant autour de son berceau, et se substituant à des races locales inférieures, au grand avantage des éleveurs et des propriétaires, dont les produits sont plus abondants et plus recherchés, et dont les peines et les dépenses se trouvent ainsi plus largement rétribuées.

Extrait des *Annales de la Société impériale d'agriculture, d'histoire naturelle et des arts utiles de Lyon.* — 1856.)

LYON. — Imp. BARRET, grande rue Longue, 27.